Zoé Cerisier

Energisez votre maison

Zoé Cerisier

Energisez votre maison

Éditions Vie

Impressum / Mentions légales
Bibliografische Information der Deutschen Nationalbibliothek: Die Deutsche Nationalbibliothek verzeichnet diese Publikation in der Deutschen Nationalbibliografie; detaillierte bibliografische Daten sind im Internet über http://dnb.d-nb.de abrufbar.

Information bibliographique publiée par la Deutsche Nationalbibliothek: La Deutsche Nationalbibliothek inscrit cette publication à la Deutsche Nationalbibliografie; des données bibliographiques détaillées sont disponibles sur internet à l'adresse http://dnb.d-nb.de.

Coverbild / Photo de couverture: www.ingimage.com

Verlag / Editeur:
Éditions Vie
ist ein Imprint der / est une marque déposée de
OmniScriptum GmbH & Co. KG
Bahnhofstraße 28, 66111 Saarbrücken, Deutschland / Allemagne
Email: info@omniscriptum.com

Herstellung: siehe letzte Seite /
Impression: voir la dernière page
ISBN: 978-3-639-48239-3

A ma mère, Catherine

Sommaire

Introduction

Remerciements

Je remercie du fond du cœur mon maître en Feng Shui et géobiologie, Joëlle Degryse.

Avertissements

Nous laissons l'entière responsabilité des résultats et non résultats obtenus par nos lecteurs grâce à cette méthode. En effet, nous ne pouvons garantir qu'ils l'utilisent correctement et avec justesse, n'étant hélas pas à leur côté pour les guider individuellement.

Introduction

1. Parcours personnel

Il y a huit ans, j'ai rencontré *fortuitement* le Qi Gong et le Tai Chi. Ces arts ont changé ma vie… J'éprouve une profonde reconnaissance envers cette école de l'existence. Au cours de ma maîtrise en psychologie, j'ai opté pour la branche des Thérapies Cognitives et Comportementales (TCC) car elle prend en compte les dimensions corporelle et émotionnelle de l'humain. Je me suis également intéressée aux états modifiés de conscience (Hypnose eriksonienne, chamanisme, etc.). J'ai été le plus jeune coach diplômé d'une université française. A 24 ans j'ai obtenu un Diplôme d'Etudes Supérieures Universitaires à la Faculté d'Economie et Gestion de l'Université d'Aix-Marseille ; le plus ancien DESU de France et l'un des plus réputé. Enfin, j'ai suivi une formation professionnelle en Feng Shui et géobiologie. Bien évidemment, l'exploration de l'univers passionnant de l'épanouissement personnel est infinie. Ma soif d'apprendre est donc sans limite. De plus, notre rapport à nous-mêmes, à autrui et au monde ne peut s'améliorer que par le travail sur soi. C'est donc au fil de mon parcours que j'ai récolté toutes les connaissances nécessaires à la création de la méthode que je vous présente ici.

2. Conception de ma pratique

Enseignante en arts-martiaux, professionnelle en Feng Shui et coach ; ma manière de travailler consiste à utiliser mes compétences indépendamment ou à les associer afin d'accompagner au mieux mes clients. Ces compétences ne sont pour moi que des portes d'entrée qui mènent vers une même finalité : trouver le sens que nous souhaitons donner à notre vie. Ainsi, chacune de ces disciplines possèdent ses spécificités. Celles que j'ai choisi de vous présenter dans cet ouvrage qui se veut être un manuel pratique de mieux-être, sont la géométrie sacrée et le nettoyage énergétique de votre habitat ou votre lieu de travail.

3. Contexte

L'humanité a connu de longs siècles de développement personnel par des méthodes empiriques issues des grands courants philosophiques, puis par des méthodes éprouvées scientifiquement et dont les mécanismes sont clairement expliqués. Aujourd'hui, j'ai le sentiment que nous vivons une époque à la recherche du juste milieu entre ces deux pôles. A l'heure actuelle, la psychologie cognitive intègre des méthodes de moines zen, la physique quantique trouve un consensus avec la métaphysique du chamanisme toltèque et les hôpitaux ouvrent leurs portes au Qi Gong thérapeutique, par exemple. Bref, la science et le spirituel tendent à se réconcilier et à instaurer des échanges fructueux.[1]

---

[1] R. Hanson (2015), J.L. Thomas (2003), G. Grigorieff (2015)

4. Approche énergétique

« Quand on se considère comme sceptique, il est bon de parfois douter de son scepticisme. »[2]

Je ne peux, à mon sens, aborder le corps sans parler d'énergie. Ce concept, ni irrationnel, ni ésotérique, serait plutôt *extra-rationnel* car ce n'est pas parce que nous ne percevons pas toujours l'énergie qu'elle n'existe pas. Rappelez-vous l'anecdote des navires des conquistadores qui ont été perçus bien après leur apparition par les peuplades autochtones. La légende veut que les indiens d'Amérique n'aient pas été capables de les voir car il était impossible pour eux de conceptualiser une telle masse flottant sur l'eau telle que les bateaux espagnols. Ce fait à été mentionné par les colons car ils n'observaient aucune réaction de la part des indiens alors que leur flotte était depuis longtemps en vue. Dans la plupart des traditions du monde ce concept d'énergie a été intégré : « *de grands médecins de l'Antiquité tel qu'Hippocrate parlaient du* pneuma, *la force vitale qui devait régir l'harmonie des fonctions du corps. Le fondateur de la médecine chinoise, Pien Chio, se référait de son côté au* chi. *Tous deux imaginaient cette force comme ce qu'on appellerait aujourd'hui un champ d'énergie, un champ qui « naît » du fonctionnement des organes en interaction les uns avec les autres et qui, en retour, leur est nécessaire pour coordonner leurs actions et maintenir le corps dans un état de parfaite santé* ». [3] Notons également les termes de *prana* pour les yogis, de *ka* pour les guérisseurs de l'Egypte antique, ou encore de *reiki* pour les japonais, qui désigne à la fois ce que l'on ne voit pas mais que l'on perçoit au-delà de l'apparence physique, la *force universelle de vie*. Une forme d'énergie vitale spirituelle, présente en

[2] Sigmund Freud, fondateur de la psychanalyse.

[3] Dr. D. Servan-Schreiber, 1999.

chacun de nous. Au fil de l'histoire, ce concept a éveillé la curiosité des scientifiques. Par exemple, le magnétisme de Mesmer, les clichés Kirlian photographiant le corps énergétique enveloppant le corps physique... Aujourd'hui, méthodes énergétiques (par exemple l'acupuncture) et approches scientifiques se réconcilient et même s'unissent. Grâcc, notamment, à la théorie de la relativité d'Einstein, le principe astrophysique d'énergie sombre servant d'étayage à la structure de l'univers et à la physique quantique. Dans la plupart des pays (Etats-Unis, Russie, Chine, etc.), ce concept d'*énergie vitale* est admis, au même titre que les autres lois universelles. La France, pays de Descartes, reste encore frileuse à cette vision du monde à la fois ancestrale et neuve. Ainsi, afin que notre démarche soit réellement holistique, j'intègre naturellement le concept d'énergie dans mon approche. Il existe des boucles rétroactives entre l'énergie et notre corps ou notre esprit. C'est pourquoi, les techniques énergétiques, en débloquant et harmonisant la circulation de l'énergie, peuvent favoriser et amorcer des changements dans les schémas de pensée, la gestion des émotions, les comportements et le relationnel d'un individu. *« Pour que l'être essentiel puisse se manifester pleinement et dans sa forme personnelle, il faut une transformation de l'homme total, corps, âme, esprit, car les obstacles se trouvent sur tous les plans et s'interpénètrent. »* [4]

[4] Lily Ehrenfried.

5. Feng Shui

Ce que je vais vous proposer ici relève d'une approche Feng Shui. Le Feng Shui est en lien avec la philosophie taôiste. Il est issu d'une tradition vieille d'environ 5 000 ans. De même que le tai chi et le qi gong harmonisent le corps et l'esprit, le Feng Shui harmonise l'habitat ou les locaux professionnels. Contrairement à une idée reçue, le Feng Shui n'est pas limité à de l'agencement et encore moins à de la décoration mais est bien un art de vivre. Pour de tels résultats il s'appuie sur une observation des lois universelles qui organisent la nature afin d'équilibrer ces forces fondamentales au travers de techniques simples et efficaces.

Chapitre I : Géométrie sacrée

1. Définition

La géobiologie est l'étude des énergies vibratoires de la terre. Cette énergie se mesure en Unités Bovis (U.B), du nom de son inventeur. Nous n'aborderons ici que les principes de base de la géobiologie car tout ce qui peut être dit sur le sujet l'a déjà était par le géni de la géobiologie qu'est Georges Prat. Dans ses ouvrages vous trouverez, décrits dans les moindres détails, tous les aspects du riche univers de la géobiologie.

2. Croisements de réseaux et cours d'eau souterrains

Les organismes en bonne santé et les habitations saines vibrent au minimum à 8 500 U.B.

La Terre se compose de ce qu'on pourrait comparer aux méridiens d'acupuncture du corps humain. Ces méridiens sont non seulement longitudinaux mais aussi transversaux. Ils résultent de l'énergie émise par chacun des éléments répertoriés sur la table de Mendeleïev. Ces réseaux sont orientés de manière cardinale (nord-sud et est-ouest) ou bien semi-cardinale (nord-est/sud-ouest et nord-ouest/sud-est) en fonction de l'élément qui l'émet.

Toujours en fonction de l'élément qui le génère, ce maillage de méridien est très fin ou très étendu. Le plus étendu, donc le plus rare, étant celui de l'or.

La plupart de ces quadrillages émettent des vibrations élevées, mis au profit de la géométrie sacrée.

Ceux produits par le fer et le nickel, en revanche, ont les maillages les plus fins et leurs croisements vibrent très bas, autour de 3000 U.B. Ils sont respectivement appelés réseau Curry et réseau Hartmann.

De même, les cours d'eau souterrains, vibrent à 3000 U.B. et émettent de surcroît des ions positifs ; néfastes pour la santé, au contraire des ions négatifs émis par les cours d'eau aériens, aux propriétés régénérantes. Nous ne ressentons plus les effets de cette basse vibration lorsque le cours d'eau se trouve à plus de 30 mètres de profondeur.

Les emplacements sur ces croisements et cours d'eau nous prennent donc de l'énergie du fait de leur vibration très inférieure à la notre. Lorsque nous séjournons à long terme sur un point de croisement où un tel cours d'eau, cela peut nous créer des problèmes de santé ou faire flamber un autre problème latent. Si nous sommes en bonne santé, nous mettrons parfois des années avant de ressentir un quelconque effet mais autant optimiser notre bien-être en remédiant à cette situation.

Lorsque vous asseyez à votre bureau, dans votre canapé ou que vous vous couchez dans votre lit alors qu'un point de croisement ou un cours d'eau passe juste en dessous, il est possible que vous ayez, par exemple :

- Des problèmes de santé, en particulier d'arthrose, d'arthrite et de thyroïde
- Un état dépressif
- Un manque d'énergie
- Des insomnies
- Un sommeil peu récupérateur
- Etc.

3. Identifier les cours d'eau

Si vous désirez savoir si des cours d'eau passent sous le terrain de votre maison, il vous suffit de deux fils de cuivre (fil électrique duquel vous aurez retiré la gaine isolante) coudés, d'environ 30 cm de longueur. Nul besoin de don particulier, nous avons tous ces capacités de ressentis extra-sensoriel en nous ! Tenez les baguettes à hauteur du cœur, les bras détendus, les poings tenant les baguettes sans les serrer, pointes légèrement inclinées vers le sol. Normalement les baguettes se croisent devant votre buste. Marchez lentement, d'un pas détendu en faisant le vide dans votre esprit. Lorsque vous passez au-dessus d'un cours d'eau les baguettes vont s'écarter à 180° voir se rabattre vers l'arrière (contre vos bras). Vous pouvez ainsi suivre le tracé de vos cours d'eau. Le lus intéressant et de vérifier s'ils passent sous votre lit, votre canapé ou votre siège de bureau…

4. Solutions

Afin de prévenir ou de remédier à ces inconvénients, nous vous proposons de faire un triangle issue de la géobiologie pratiquait par les égyptiens de l'antiquité. C'est un triangle rectangle dont chaque pointe sera marquée par une pierre. Il applique le théorème de Pythagore : $3^2 + 4^2 = 5^2$. En mot cela donne « la somme des carrés des petits côté est égale au carré de la longueur du plus grand côté ». Pour ceux qui n'aiment pas les mathématiques, nul besoin de comprendre cela. Retenez juste que le triangle aura des côtés qui suivent la proportion 3-4-5, c'est-à-dire que la longueur du plus petit côté sera un multiple de 3, celle du moyen un multiple de 4 et celle du grand un multiple de 5. Ce triangle a pour propriété d'élever le tau vibratoire de votre maison et de compenser les vibrations basses des croisements de réseau et des cours d'eau.

5. Identifier des croisements de réseau Hartmann ou Curry

Vous pouvez faire en fonction du ressenti de vos mains ou de votre corps entier ou bien grâce à l'aide d'un pendule si vous en avec l'habitude. Un croisement de réseau qui vibre en dessous du tau vibratoire de bonne santé donne une petite sensation désagréable de vide ou de nausée selon les individus.

Réalisation

Etape 1

Avant toute chose, munissez-vous d'un plan où les proportions sont respectées. Le plus simple est de travailler sur un format A4. Si vous n'avez pas de plan, vous devez le réalisez vous-même. Soyez le plus précis possible, cela vous facilitera grandement la vie pour la suite des opérations. Cet exercice présente l'avantage de vous faire approcher votre maison d'une manière différente.

Tracez une droite au centre de votre plan.

Pour placer l'axe nord-sud, il est nécessaire de prendre une mesure précise au degré près, à l'aide d'une boussole. Placez-vous devant votre porte d'entrée, derrière la porte, face à la sortie. Mettez vos pieds bien parallèles et écartés de la largeur de votre bassin. Vous devez tenir la boussole bien à plat devant vous, sans la tenir dans votre main mais du bout des doigts afin d'interférer le moins possible. Ne la posez pas non plus sur le sol. Vérifiez aucun objet métallique ne fausse la mesure. Faites tourner le cadran de la boussole afin que l'aiguille rouge se superpose au nord indiqué sur le cadran. Enfin, lisez le chiffre indiqué à midi.

Exemples :

Pour une porte plein nord vous lirez 0°

Pour une porte plein est vous lirez 90°

Pour une porte plein sud vous lirez 180°

Pour une porte plein ouest vous lirez 270°

Ouvrez votre porte d'entrée et reprenez la mesure deux pas en avant de votre porte d'entrée, de la même manière. Faites une moyenne des deux résultats afin d'obtenir un résultat le plus précis possible malgré les interférences éventuelles.

Exemple :

13° à l'intérieur et 19° à l'extérieur donne une mesure de 16°.

Refaites l'opération depuis une autre porte ou fenêtre appartenant à une autre façade de votre maison afin de vérifier si les mesures que vous obtenez sont cohérentes.

Exemples :

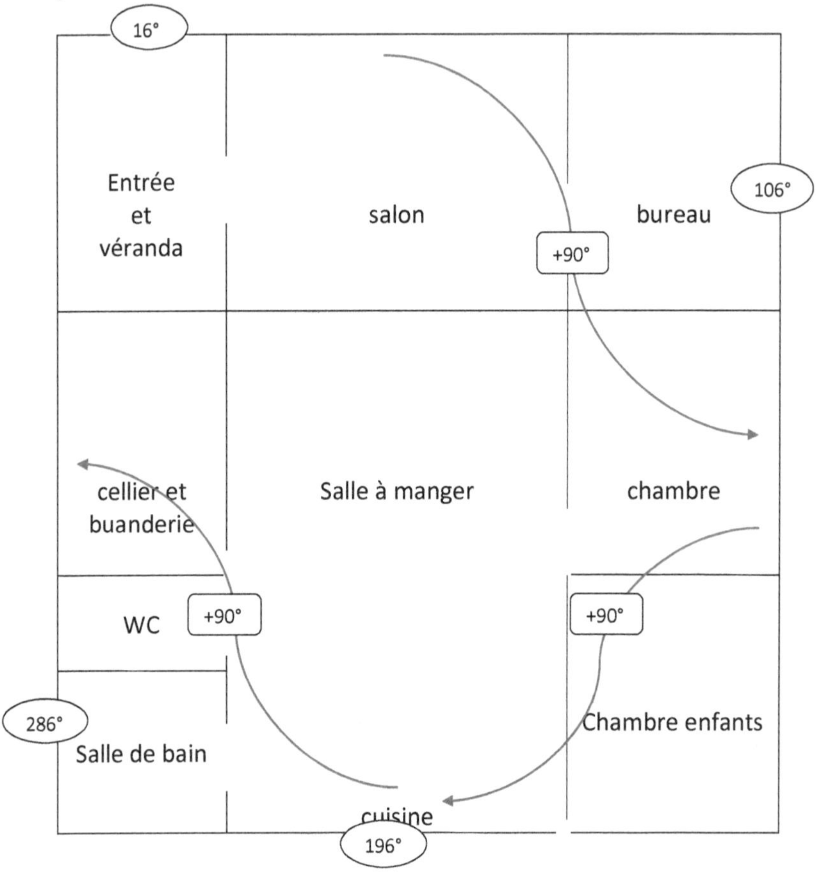

Si vous faites ¼ de tour dans le sens horaire, votre mesure devrait avoir 90° de plus par rapport à la première.

Si vous faites ½ tour dans le sens horaire, votre mesure devrait avoir 180° de plus par rapport à la première.

Si vous faites ¾ de tour dans le sens horaire, votre mesure devrait avoir 270° de plus par rapport à la première.

il est nécessaire de vous munir d'un rapporteur rond. Vous devez le superposer à la ligne médiane que vous avez tracé sur le plan :

:

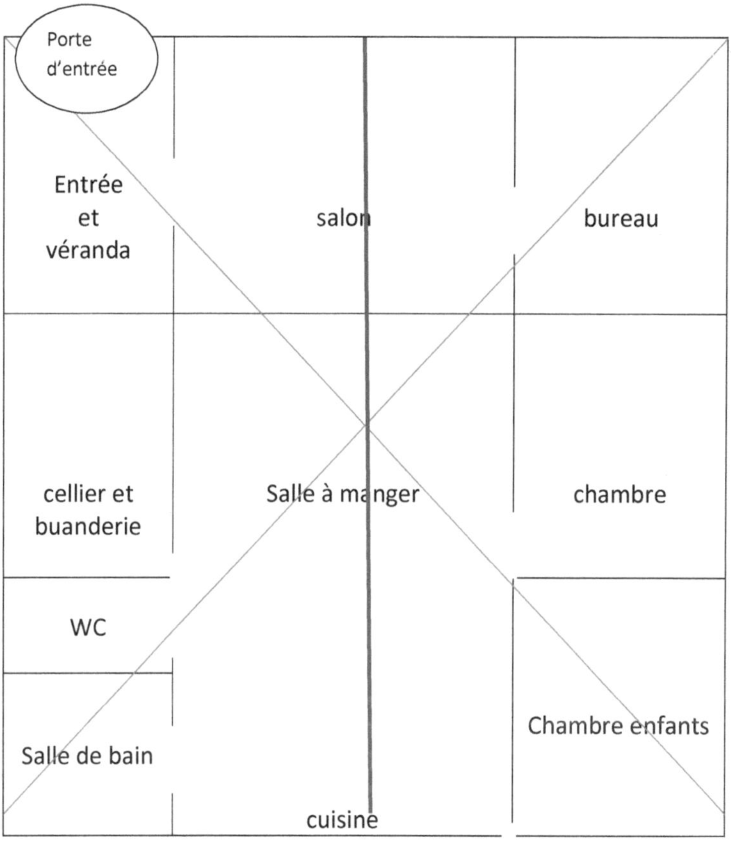

Puis faites pivoter votre rapporteur jusqu'à avoir la même valeur à midi sur la ligne médiane, face à la porte d'entrée, que celle que vous avez relevée lors de votre mesure avec la boussole.

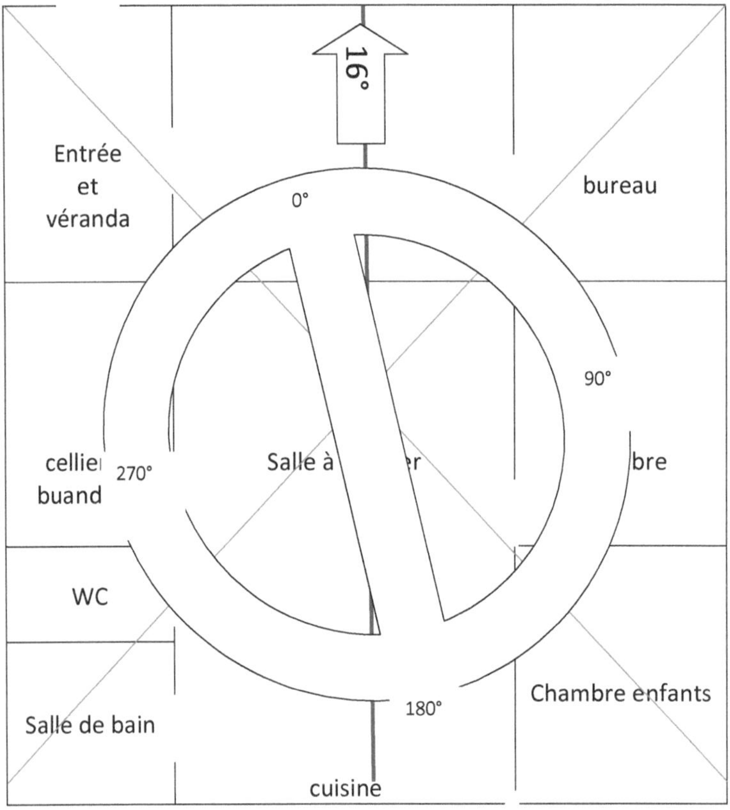

Alors, vous pouvez tracer une ligne le long de la partie droite au centre de votre rapporteur. Elle est plus ou moins inclinée selon l'orientation à laquelle se trouve votre porte d'entrée :

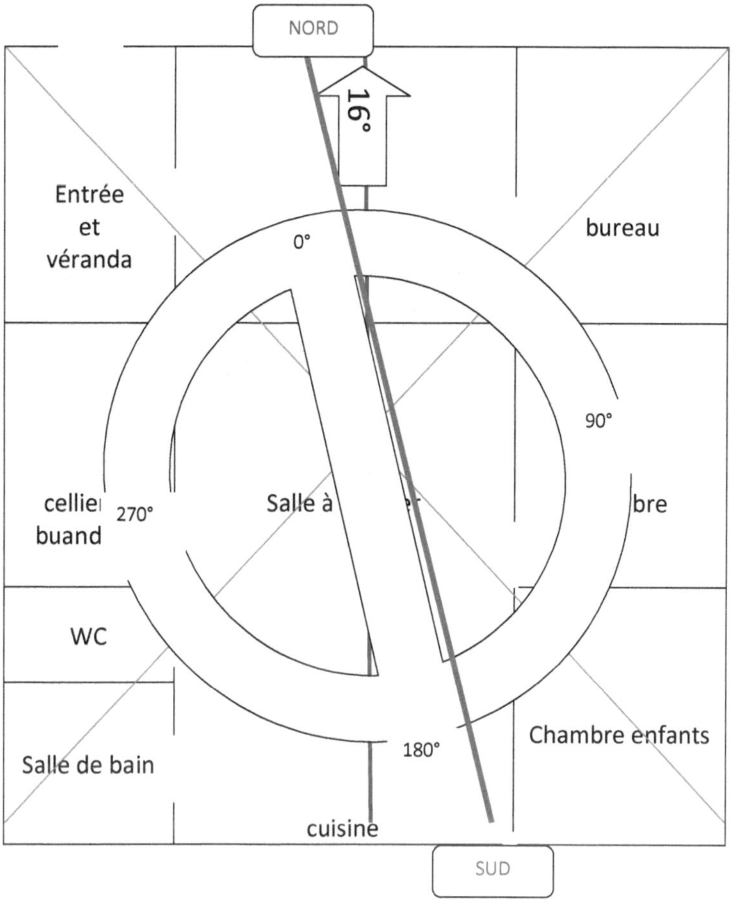

Vérifiez avec votre boussole si l'orientation nord-sud/est-ouest que vous avez tracé est cohérente avec la réalité. Rappelez-vous que le 0 de votre rapporteur indique toujours le nord.

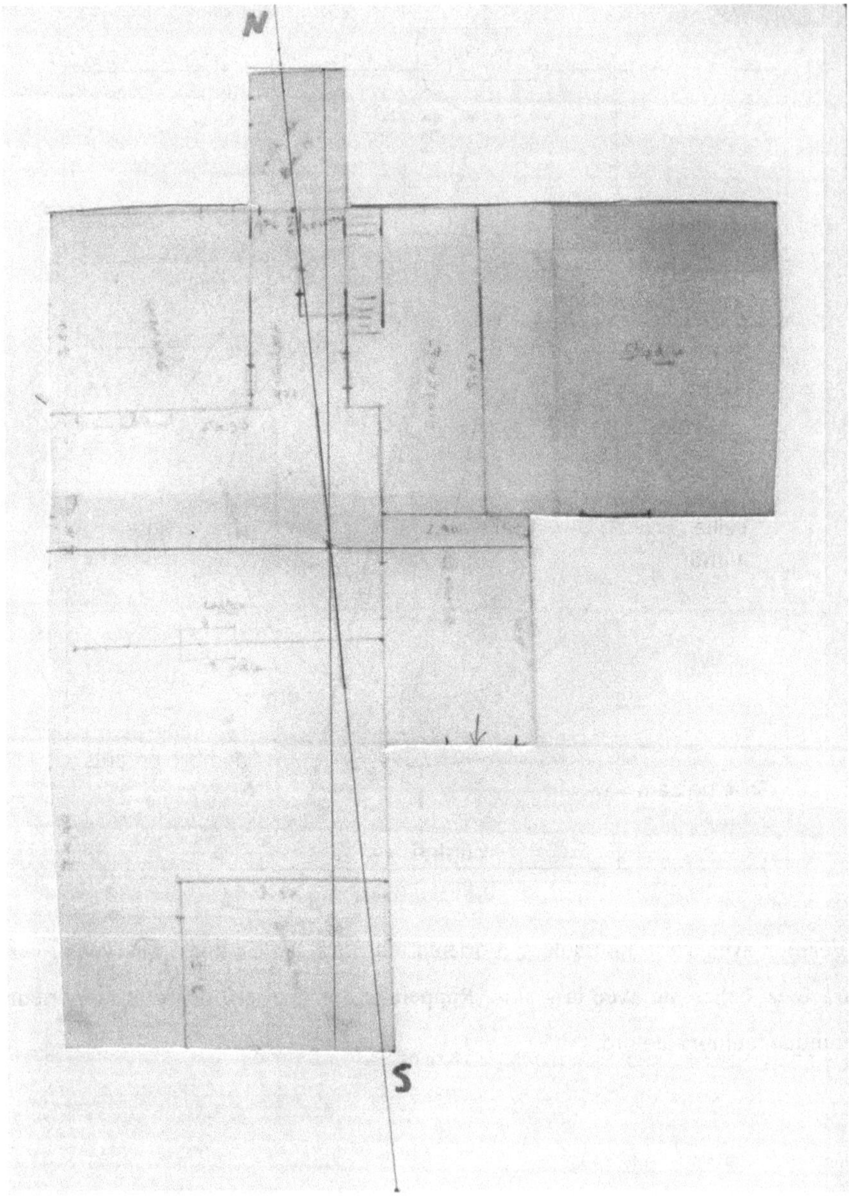
N
S

Etape 2

Tracez des droites parallèles pour représenter l'axe nord-sud en de multiples endroits. Soyez le plus précis possible !

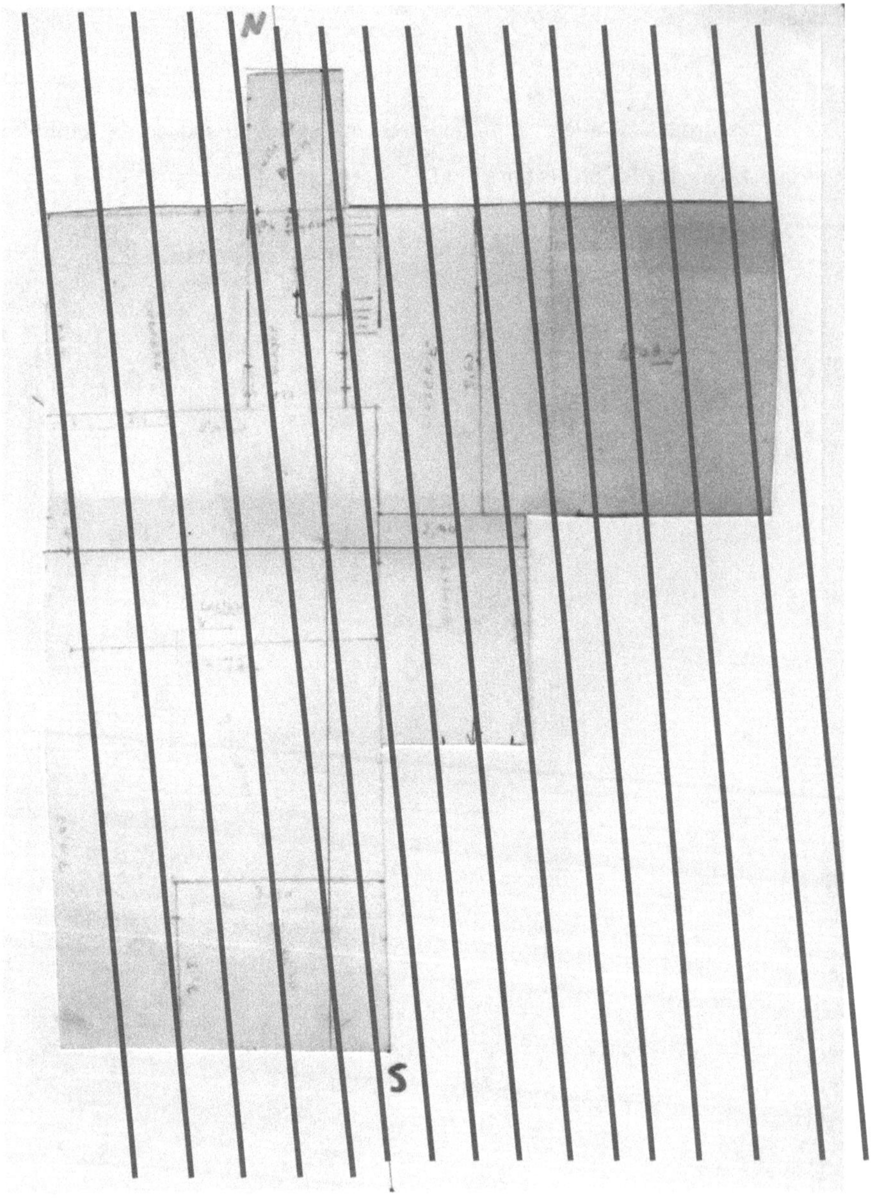
N
S

Etape 3

Ensuite, tentez d'englober le maximum de votre habitation, en privilégiant les pièces où vous passez le plus de temps, avec un des patrons de triangles, construits au papier calque, à partir des modèles suivants :

Deux cas de figure

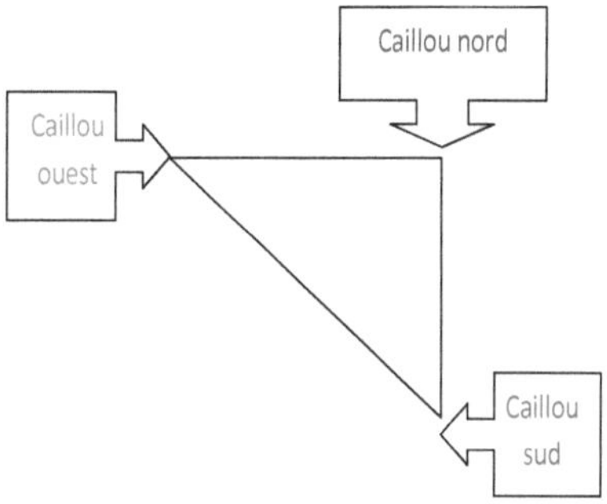

Ou

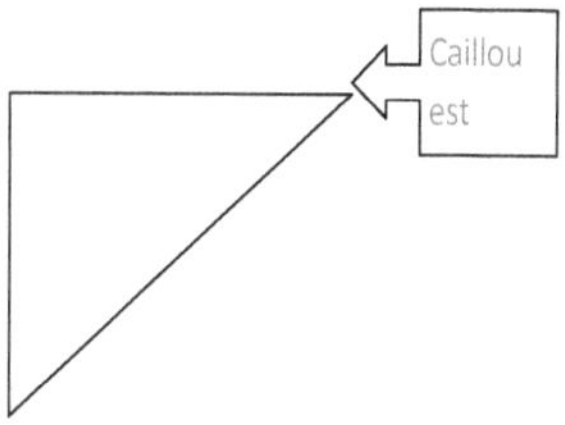

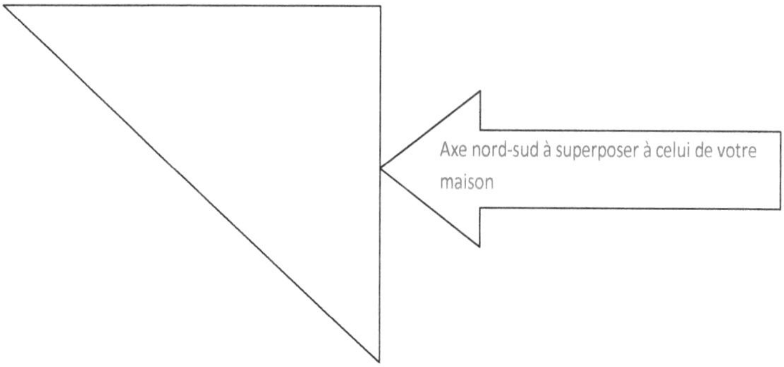

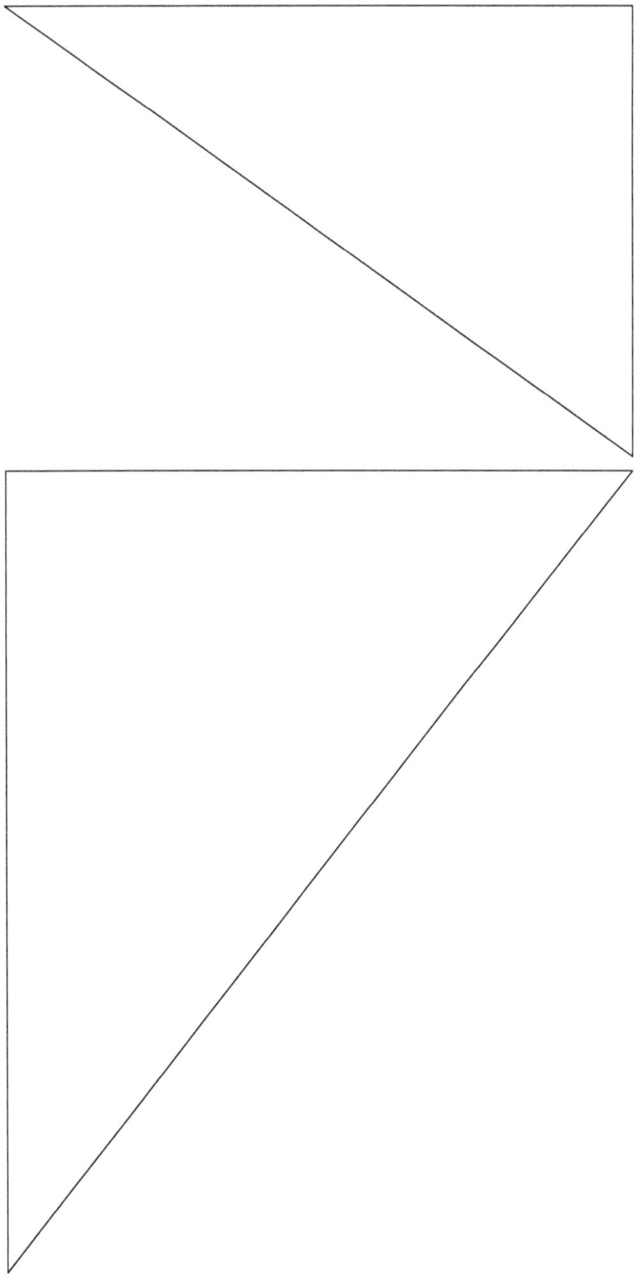

Vous pouvez bien sûr tracer toutes les tailles intermédiaires de ces triangles à conditions qu'ils respectent la proportionnalité 3-4-5.

Exemples :

Si votre maison a sa largeur plutôt orientée est-ouest et sa longueur nord-sud, le plus grand triangle que vous puissiez placer dépende de l'axe est-ouest. Si sur votre plan a une largeur de 6 cm :

6/4= 1,5

1,5x3= 4,5

La dimension de votre triangle entre le caillou nord et le caillou sud (petit côté) fera 4,5 cm et votre moyen côté 6cm. Nul besoin de calcul pour le grand côté, il vous suffit de le tracer pour fermer le triangle.

A l'inverse, si votre maison a sa largeur orientée plutôt nord-sud et sa longueur est-ouest, la taille du triangle que vous pourrez placer dépend de l'axe nord-sud. Mettons que sur votre plan vous mesuriez 10 cm :

10/3=3,33

3,33x4=13,33

Ainsi, le petit côté (axe nord-sud) mesurera 10 cm et le moyen côté (axe est-ouest) mesurera 13,33 cm.

Ainsi, vous constatez que nous appliquons la formule suivante pour obtenir les dimensions de notre triangle :

(Longueur petit côté / 3) x 4 = longueur grand côté

Ou bien

(Longueur moyen côté/4) x3= longueur petit côté.

Mettons que notre exemple soit un appartement. Nous ne pouvons donc pas placer les pierres à l'extérieur.

Nous retenons, l'axe nord-sud qui nous convient le mieux pour inclure l'habitation dans le triangle.

Voici une des solutions possibles :

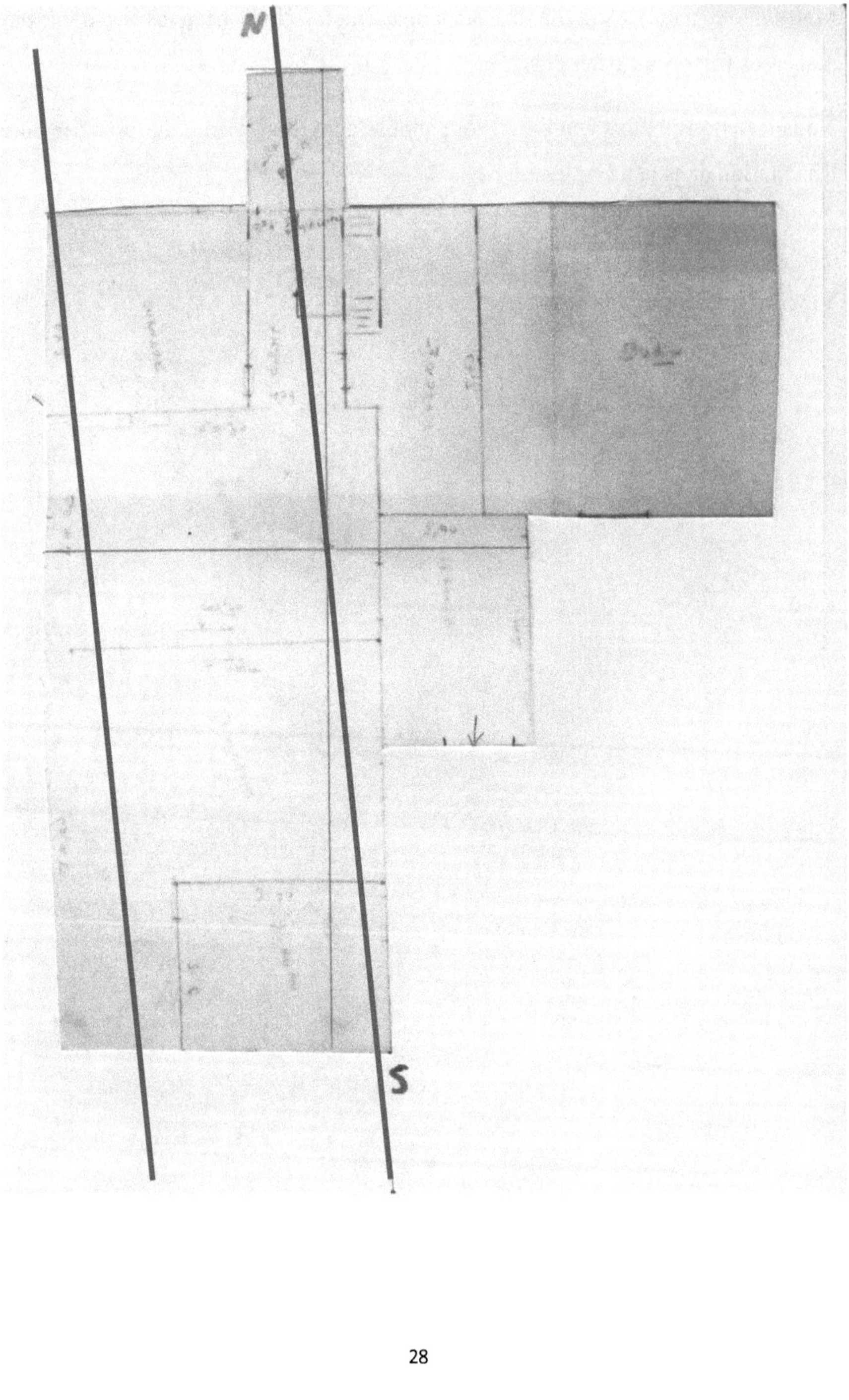
N
S

Nous superposons un triangle dans les bonnes proportions de manière à respecter l'orientation de l'axe nord-sud et à englober le maximum de l'habitation. Notez soigneusement l'emplacement du caillou nord (point bleu), du caillou sud (point rouge) et du caillou ouest (en gris) ou est (en vert), comme ici.

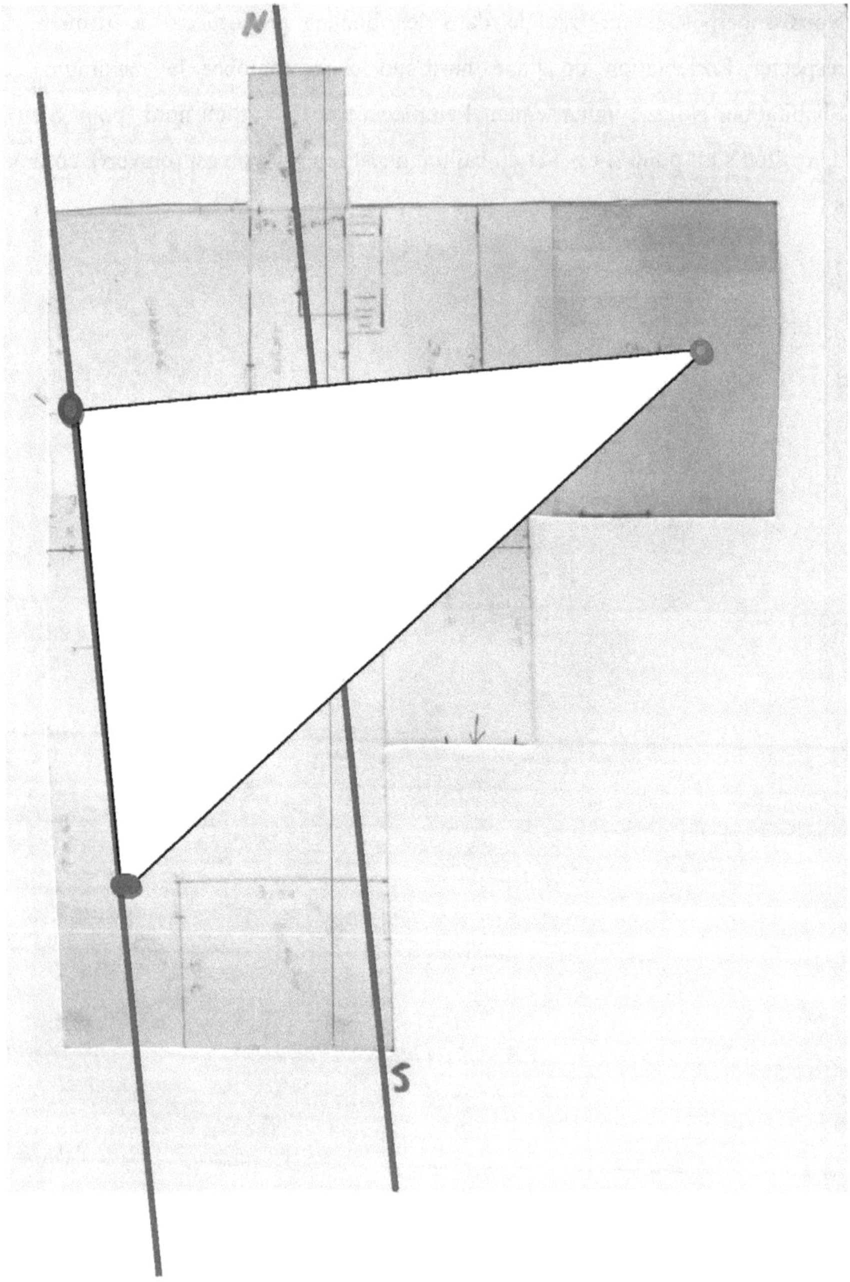
N
S

Etape 4

Il va maintenant vous falloir calculer l'échelle de votre plan afin de positionner les cailloux au bon endroit dans la réalité. Pour cela, mesurez, dans la réalité, un élément de votre habitation (la largeur d'une porte, la longueur d'un petit mur ou d'un décrochement par exemple). Peu importe ce que vous me mesurez mais ce que vous mesurez soit représenté sur votre plan. Celui-ci, comme dans les autres chapitres, devra impérativement respecter les proportions.

Cela fait, mesurer le même élément sur votre plan.

Par exemple, vous avez mesuré dans la réalité 80 cm et sur votre plan cela représente 5 mm (0,5 cm). Veillez à tout convertir en la même unité, le plus simple étant le cm. Vous obtenez le calcul suivant :

80/0,5= 160 cm

Donc 1 cm sur votre plan = 160 cm dans la réalité.

Notez que nous avons appliqué la formule suivante :

Mesure réalité en cm/mesure plan en cm = ce que vaut (en cm) dans la réalité 1 cm de votre plan

Etape 5

A partir de là, il vous suffit d'utiliser ce rapport pour mesurer sur votre plan à quels emplacements exacts vous devrez positionner vos pierres. Cela vous permet d'opter pour une autre solution dans le cas où les cailloux tomberaient à des endroits gênants. Dans le jardin, l'idéal est de les enterrer, dans la maison le mieux est de les coller afin d'être sûr qu'ils ne bougent pas.

N'importe quelle pierre fera l'affaire, pourvu qu'elle fasse minimum 20 cm^3. Plus le triangle est grand plus il faut privilégier les grandes pierres.

Voici l'illustration de quelques cas :

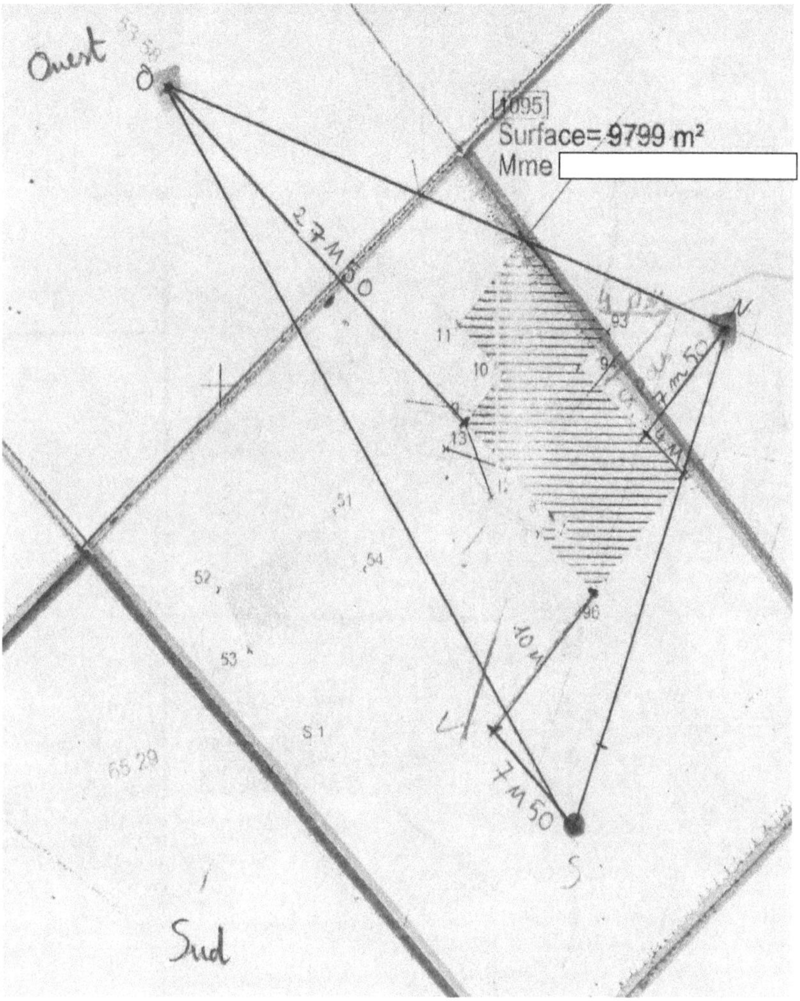

Notez que lorsque vous mesurez où se trouvera votre triangle, vous devez partir de points de repère précis (ici de l'angle sud-ouest de la maison), partir en ligne droite (ici 10 mètres) et éventuellement décaler de la mesure adéquate en formant un angle droit (7M50). Ce grand triangle englobe la maison mais également l'essentiel des parties du jardin où sa propriétaire s'installe. Plus le triangle est grand et plus son efficacité rayonne. C'est donc comme s'il couvrait une surface d'autant plus vaste qu'il est grand.

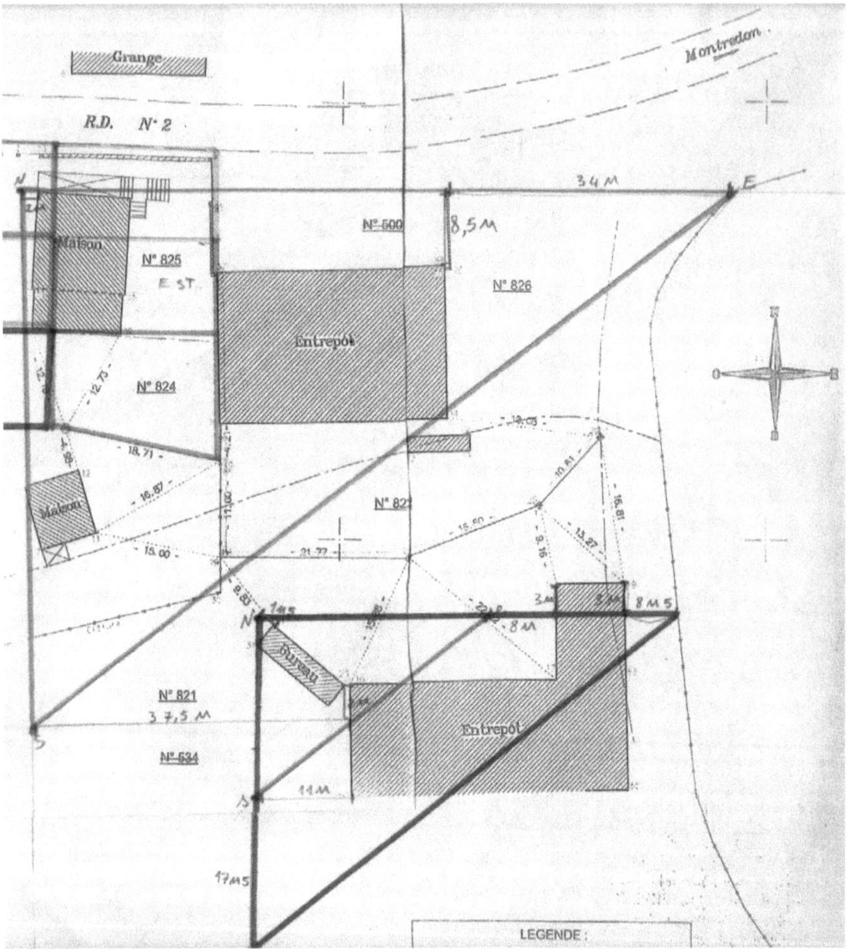

Ici, un seul triangle ne suffit pas à englober tous les bâtiments de cette propriété qui incluse habitation et lieu de travail. Nous élaborons donc deux triangles (en bleu et en rouge). Le trait vert constitue (sur la base angulaire du triangle rouge) une alternative plus petite dans le cas où personne ne travaille dans l'entrepôt et que par conséquent seul le bureau a besoin de bénéficier de ce triangle.

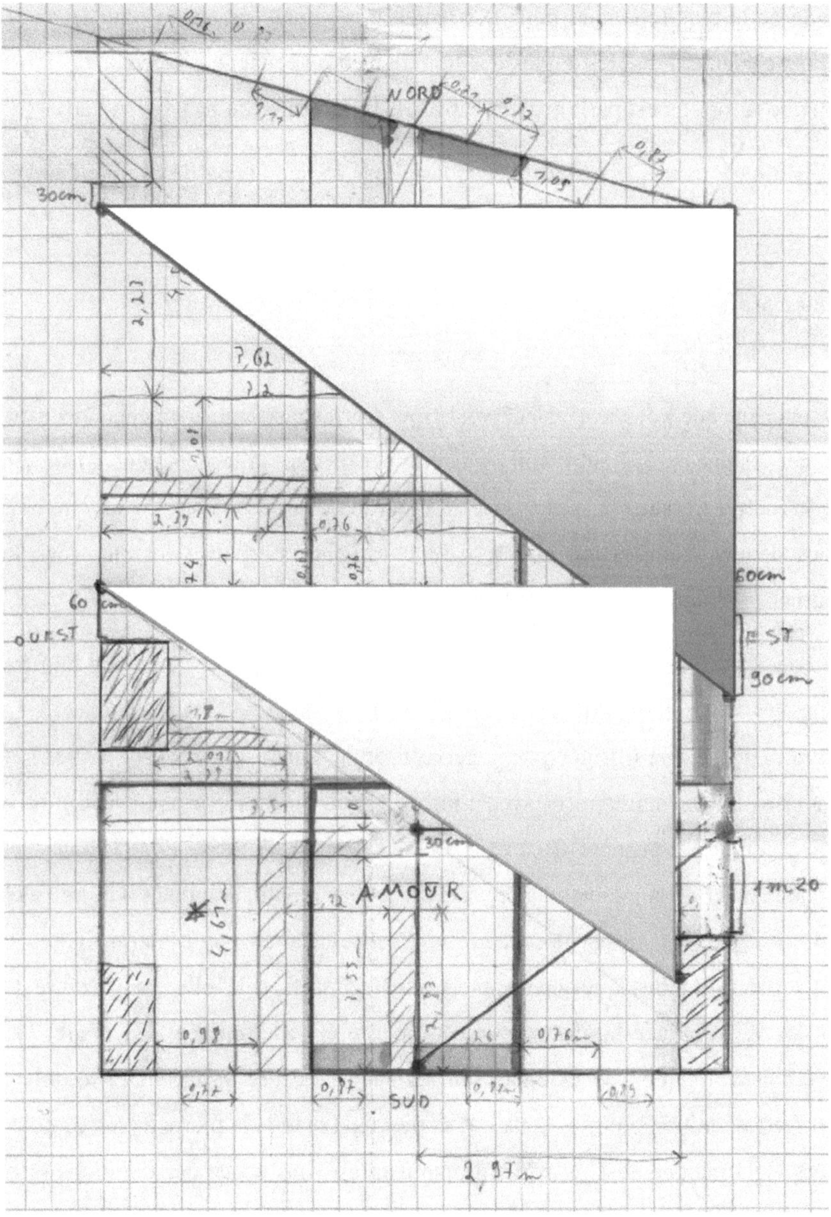

Dans le cas de cet appartement, de forme assez allongée, deux triangles sont également nécessaire pour englober les parties de l'appartement où son locataire séjourne le plus (chambre pour le triangle gris ; bureau et salon pour le bleu). Notez également que les angles des triangles correspondent avec ceux des murs lorsque la maison est parfaitement cardinale (orientée selon l'axe nord-sud).

La partie géométrique est terminée, nous allons passer à la partie énergétique.

Etape 6

Maintenant que vous avez placé vos trois pierres aux emplacements adéquats, prenez-les une après l'autre afin de déterminer quel est la face yang et la face yin de la pierre. Lorsque la face yang est contre la paume de votre main, elle doit vous donner l'impression que le caillou est plus lourd que lorsque vous le tournez de l'autre côté, celui de la face yin.

Si vous êtes plus à l'aise avec cette méthode ou si les pierres sont trop lourdes pour être soupesées, utilisez un pendule. Tenez-le court, de préférence avec votre main gauche (dirigée par le cerveau droit, l'hémisphère de l'intuition) et impulsez-lui un mouvement avec l'intention (ou en disant à haute voix) qu'il vous indique sa manière de dire « non ». Observez la façon dont il bouge et recommencer de la même manière afin qu'il vous montre comment il désigne le « oui ». Cela fait, posez des questions fermées claires par l'intermédiaire de votre pendule telles que « cette pierre a-t'elle sa face la plus yang contre le sol ? » ou « la face la plus yin de cette pierre est-elle tournée vers le ciel ? ». Une fois votre réponse obtenue, tournez la pierre face yang contre le sol et répétez l'opération pour les deux autres pierres. Lorsque la pierre a plus de deux faces, cela marche aussi, à partir du moment où vous posez des questions sans ambigüité.

Etape 7

Ensuite, cherchez au pendule la meilleure orientation de la pierre nord pour se connecter à la pierre sud. Procédez en faisant des pivotements de quelques degrés jusqu'à ce que le pendule signale un « oui » à la question « le caillou du nord est-il dans sa meilleure position pour se connecter au caillou du sud ? ». Procédez de même avec le caillou du sud pour qu'il se connecte au caillou de l'ouest ou de l'est, selon le triangle pour lequel vous aurez opté, et avec le caillou de l'ouest ou de l'est pour le connecter à celui du nord.

Etape 8

Si votre caillou est dans le jardin, creusez un trou, pour être sûr qu'il ne soit pas déplacé et placez-le exactement dans la position adéquate. S'il est dans la maison, fixez-le à la colle ciment, à moins qu'il soit dans un endroit où vous êtes sûr qu'il ne sera pas bousculé.

Etape 9

Placez-vous au centre de la maison et cherchez grâce au pendule quel est la moyenne vibratoire de votre maison. Demandez si elle vivre à plus de 8000 U.B. puis tâtonnez par tranche de mille jusqu'à obtenir un « non » qui vous annonce que vous n'avez pas à baisser ou augmenter davantage la valeur.

Réitérez l'opération en demandant cherchant maintenant la valeur à laquelle vous pouvez programmer le tau vibratoire de votre triangle. Cette valeur, comprise entre 8500 et 14000 U.B., est toujours supérieure (même légèrement) à celle que vous avez précédemment trouvée.

Etape 10

A présent, placez votre main sur le caillou du nord et demandez lui de se connecter au caillou du sud et de faire vibrer ce triangle à X U.B (la valeur que vous avez trouvé). Faites de même avec le caillou du sud en le connectant au caillou de l'ouest ou de l'est et avec le caillou de l'ouest ou de l'est pour le connecter au caillou du nord.

Etape 11

Enfin, si vous aviez détecté des cours d'eau, faite un tour avec vos baguettes afin de vérifier la bonne réalisation de votre triangle.

Félicitations, vous venez de réalisez un triangle de géométrie sacrée !

6. Cheminée cosmo tellurique

Une cheminée cosmo tellurique est comme un pore de respiration de la terre afin de permettre les échanges énergétiques entre les tellurique et le cosmique. Elle peut générer des énergies élevées, donc positives, ou basses. Dans ce cas, elle peut générer les mêmes problèmes que ce que nous avons abordé dans la section précédente.

Identification

Vous pouvez vous fier à votre ressenti ou demander par le biais de votre pendule si « oui » ou « non » une cheminée cosmo tellurique néfaste pour la santé se trouve dans votre maison et procéder par questions fermées pour la localiser en procédant par élimination (pièce par pièce) et tâtonnements.

Résolution

3 coquilles Saint-Jacques suffisent. Vous en trouverez facilement chez votre poissonnier ou dans les boutiques ésotériques. Laisser la petite partie noire à la base de la coquille, cela renforce le tau vibratoire de la coquille. Tenez-les de façon à ce qu'elles s'emboitent base contre base, coquilles tournées vers le sol :

Puis, entourez avec cet assemblage le centre de la cheminée, au raz-du-sol.

Demandez à une autre personne de pousser la cheminée en même temps que vous vous déplacez jusqu'à un endroit où la cheminée ne gênera pas. Ce peut être un endroit du jardin que vous n'occupez pas spécialement, un bois ou sur le trottoir, dans un recoin, si vous êtes en ville.

Une fois arrivé à ce point, posez délicatement vos coquilles au sol et fixez les (en les entourant avec des pierres si vous êtes dans la nature ou avec de la colle à ciment si vous êtes en ville. Cela permet de fixer la cheminée afin qu'elle ne revienne pas chez vous.

Les cheminées cosmo-telluriques ne sont pas courantes mais il se peut toutefois qu'il y en ait plusieurs dans la même maison.

1. Définition

Cette partie n'est pas à proprement parler du Feng Shui mais elle le complète de manière pertinente. En effet, elle consiste en un nettoyage énergétique de la maison. La clarification dite « lourde » permet de surcroît de faire passer des âmes de défunts dans la lumière et les clarifications avec intentions d'insuffler une énergie particulière à notre lieu de vie (sérénité, santé, par exemple) ou notre local professionnel (succès économique, bonnes relations avec les clients, par exemple).

Energétiquement, il se passe donc la même chose que physiquement. Avant de décorer une maison vous avez fait le ménage, avant de vous coiffer, vous vous lavez les cheveux, etc. Bref, le nettoyage, physique ou énergétique est la base, la première étape, de l'harmonisation de votre maison.

2. Clarification

Pour purifier les énergies appartenant au passé des objets et des habitants de la maison ainsi que pour nettoyer la maison des énergies des personnes de passage.

A faire lorsque :

- Vous emménagez, même si la maison est neuve

- Avant l'arrivée d'un nouveau membre (bébé)

- Après le départ d'un membre (enfant qui quitte le foyer)

- Lorsque vous souhaitez y voir plus clair, *clarifier* votre situation

- Avant un évènement important (changement de travail)

- Après un évènement perturbateur (divorce).

Afin de d'entretenir la circulation d'une énergie saine et harmonieuse qui circule chez vous, il est nécessaire d'effectuer une clarification au moins une fois par an au nouvel an chinois ou à chaque changement de saison (équinoxes et solstices et les 40 jours qui leur succèdent sont idéaux pour épurer les énergies néfastes). La clarification est d'autant plus efficace que la date est proche de la lune noire (pas de lune). De même, privilégier les clarifications entre 8h et 14h, période de la journée où l'énergie est montante.

3. Mise en œuvre

Matériel

- 1 kg de gros sel pour 35 M^2
- 1 rouleau d'essuie-tout pour 100 M^2
- 1 nappe en soie blanche
- 1 coupelle (idéalement une coquille st-Jacques dont la forme bonifie l'énergie de l'eau) d'eau filtrée énergisée ou d'eau bénite si cela est en accord avec conviction spirituelle. Sachez que l'eau bénite présente tout

simplement la particularité d'avoir un tau vibratoire plus élevé qu'une eau lambda. En effet, l'intention de la bénir fait augmenter ce tau.

- 3 bougies blanches
- 2 bols chantants
- 1 bol avec du gros sel
- De l'encens sous forme de morceaux de résine (boutiques ésotériques, salons bien-être ou magasin bio)
- 1 casserole (attention, vous ne pourrez pas réutiliser votre ustensile à usage alimentaire)
- 1 passoire pouvant se poser dans la casserole sans toucher le fond (attention, vous ne pourrez pas réutiliser votre ustensile pour la cuisine)
- 1 paquet de palets de charbon (buraliste ou magasin bio)
- 1 tambour, des grelots ou tout objet pouvant faire beaucoup de bruit (casserole et cuillère en bois, par exemple). On peut aussi simplement claquer vigoureusement des mains
- 1 boussole
- 1 pince à épiler pour tenir les charbons au-dessus d'une bougie (attention, votre pince ne peut plus être utilisée pour un autre usage)
- Des allumettes ou un briquet
- Epis de blé et eau bénite (facultatifs)
-

Protocole

1. Ranger et faite le ménage de votre mieux dans la maison.
2. Ouvrez un maximum de placards, tiroirs et lunettes de WC.
3. Désactivez le détecteur de fumée.
4. Installer un autel dans une pièce principale, où il y a de l'activité (séjour, cuisine). Placez la nappe sur une table et orientez l'eau au nord, les

bougies au sud, un bol chantant à l'ouest, de l'encens à l'est et un bol de sel au centre.

Cet autel ne se rattache à aucune religion. Il est juste là pour nous centrer sur la tâche importante que nous accomplissons.

5. Fermez toutes les fenêtres et les portes extérieures.
6. Evacuez de la maison les enfants et les animaux.
7. Disposez des plots de sel sur des carrés d'essuie-tout en partant de la porte par laquelle le chef de famille entre habituellement et tournez en partant par la gauche (sens horaire). Lorsque vous rencontrez un escalier vous le prenez et procédez de la même façon à l'étage, au grenier à la cave ou au garage. Ainsi, vous disposez du sel en montant et en descendant. Le sel est déposé le long des plaintes mais il peut aussi être placé en hauteur si c'est encombré contre le mur. Mettre du sel au centre de chaque lit.
8. A partir de là, il ne faut plus parler, débranchez le téléphone et éteignez les portables. Restez centré.
9. Longez les murs par la gauche à partir de la porte en claquant des mains ou en frappant le tambour. Votre intention est de casser l'énergie pour qu'elle soit absorbée par le sel. Il faut donc que votre regard se dirige vers les plots. En même temps (en file indienne) ou ensuite si on procède seul :

   - Faire chanter le bol sans le faire tinter.

   - Etape facultative : brandissez des épis de blés ou répandez de l'eau bénite.

   - Encensez

     * Faites crépiter 3 charbons à la flamme d'une bougie.

     * Posez-les dans la passoire, elle-même placée sur la casserole qui sert d'encensoir.

     * Lorsque les charbons commencent à blanchir vous pouvez en recouvrir le dessus d'encens jusqu'à provoquer une abondante fumigation.

     * Déplacez de bas en haut le long des murs votre passoire-casserole.

10. Avant de sortir, posez l'encensoir dans un endroit qui ne craint pas le chaud et pincez les bougies.

11. Sortez et fermez la porte.

12. Laisser poser 1h.

13. Rentrer à un ou plusieurs et rallumez les bougies de l'autel. Tenez-vous face au sud et prononcez des vœux pour la maison et ses habitants. Demandez au préalable aux habitants qui ne sont pas présents lors de la clarification de noter les vœux qu'ils souhaitent voir prononcés ou brulés à l'autel. Exemple : « Amour, santé, épanouissement et prospérité dans cette maison ».

14. Vous pouvez également créer une bulle de protection par l'intention en visualisant de la lumière tout autour de votre espace de vie.

15. Vous pouvez alors à nouveau parler normalement à l'intérieur de la maison et aérer.

16. Enlevez dans n'importe quel ordre le sel en le jetant dans les toilettes, si vous avez le tout-à-l'égout, ou dans une poubelle. Récupérez l'essuie-tout pour faire le ménage.

Conclusion

Je vous souhaite de trouver votre équilibre dans votre habitat et d'y ressentir un mieux être comme jamais !

FSC
www.fsc.org
MIX
Papier | Fördert
gute Waldnutzung
FSC® C083411

Kolibri 360 GmbH
Ferdinand-Jühlke-Straße 7
99095 Erfurt, Deutschland
produktsicherheit@kolibri360.de

Druck:
CPI Druckdienstleistungen GmbH
im Auftrag der
Kolibri 360 GmbH
Ferdinand-Jühlke-Str. 7
99095 Erfurt